BEI GRIN MACHT SICH IHR WISSEN BEZAHLT

- Wir veröffentlichen Ihre Hausarbeit, Bachelor- und Masterarbeit

- Ihr eigenes eBook und Buch - weltweit in allen wichtigen Shops

- Verdienen Sie an jedem Verkauf

Jetzt bei www.GRIN.com hochladen und kostenlos publizieren

Linda Schaumburg

Die ökologischen und geomorphologischen Höhenstufen zentralasiatischer Gebirge

Tian Shan und Altai

GRIN Verlag

Bibliografische Information der Deutschen Nationalbibliothek:

Die Deutsche Bibliothek verzeichnet diese Publikation in der Deutschen National-
bibliografie; detaillierte bibliografische Daten sind im Internet über http://dnb.d-
nb.de/ abrufbar.

Impressum:

Copyright © 2010 GRIN Verlag, Open Publishing GmbH
Druck und Bindung: Books on Demand GmbH, Norderstedt Germany
ISBN: 978-3-656-25374-7

GRIN - Your knowledge has value

Der GRIN Verlag publiziert seit 1998 wissenschaftliche Arbeiten von Studenten,
Hochschullehrern und anderen Akademikern als eBook und gedrucktes Buch. Die
Verlagswebsite www.grin.com ist die ideale Plattform zur Veröffentlichung von
Hausarbeiten, Abschlussarbeiten, wissenschaftlichen Aufsätzen, Dissertationen
und Fachbüchern.

Besuchen Sie uns im Internet:

http://www.grin.com/

http://www.facebook.com/grincom

http://www.twitter.com/grin_com

Johannes Gutenberg-Universität Mainz

Geographisches Institut

Seminar: Hauptseminar Zentralasien

Sommersemester 2010

DIE ÖKOLOGISCHEN UND GEOMORPHOLOGISCHEN HÖHENSTUFEN ZENTRALASIATISCHER GEBIRGE – TIAN SHAN UND ALTAI

Inhalt

1. Einleitung... 3

2. Untersuchungsgebiete.. 4

   2.1 Lage und Größe... 4

   2.2 Geologie.. 5

   2.3 Klima 5

   2.4 Tierreich 7

3. Rezente ökologische Höhenstufen 8

   3.1 Übersicht.. 8

   3.2 Kolline Stufe 10

   3.3 Montane Stufe.. 10

   3.4 Subalpine Stufe 12

   3.5 Alpine Stufe 13

4. Verschiebung der (geomorphologischen) Höhenstufen............................ 14

   4.1   Rezente Höhenstufen.. 14

   4.2   Vergleich zu den Kaltzeiten 15

Literaturverzeichnis 17

Weiterführende Literatur.. 17

1. Einleitung

Im nordwestlichen Teil Zentralasiens erhebt sich ein System von Hochgebirgen, deren Ketten meistens von Ost nach West streichen. Neben dem Altai unterscheidet man noch drei weitere Hochgebirge, den Tian Shan, den Alai und den Pamir (SUCCOW 1989: 187). In der vorliegenden Hausarbeit beschäftige ich mich gemäß dem Thema ausschließlich mit dem Tian Shan und dem Altai. In erster Linie geht es dabei um die Höhenstufen der Vegetation. Laut MIEHE, BURGA & KLÖTZLI (2004: 31) zeigen Vegetationshöhenstufen ihre eigenen individuellen Vegetations-Typen, Wuchsformen und Lebensstrategien von Pflanzen, denen ein spezifischer Wärme- und Wasserhaushalt zukommt und die in einem Grenzgürtel (Ökoton) von einigen Dutzend Höhenmetern ineinander übergehen. Je nach den Eigenheiten der Oberflächenformen und der Lage in den Gebirgen sind Exposition und Hangneigung mitprägend. Die heute gebräuchliche Benennung der Höhenstufen lehnt sich an die humiden alpinen Bedingungen Mitteleuropas an und wird gewöhnlich in die kolline, montane, subalpine und alpine Stufen eingeteilt (MIEHE, BURGA & KLÖTZLI 2004: 32). In dem letzten Kapitel werden die geomorphologischen Höhenstufen vorgestellt, und ihre Veränderung von der letzten Eiszeit zur Gegenwart beschrieben. Unter der Schneegrenze versteht man die Linie zwischen dem ganzjährig mit Schnee bedeckten und dem im Sommer schneefrei werdenden Gebiet. Sie hängt zum Einen von den Mitteltemperaturen der Luft und den Niederschlagsverhältnissen einer Klimazone, zum Anderen, bei kleinräumiger Betrachtung, von der Geländegestalt ab. So kann es zwischen nord- und südexponierten Hängen eines Gebirges zu Abweichungen von mehreren hundert Metern kommen (LESER [13]2005: 814). Die klimatische Schneegrenze beschreibt daher die mittlere untere Grenze der ganzjährig schneebedeckten Fläche in Gebirgen (LESER [13] 2005: 432). Gleichermaßen ist die Waldgrenze von Bedeutung. Hierunter wird der Übergang geschlossener Waldbestände in Richtung auf die Baumgrenze, bestimmt vom Minimumangebot abiotischer Faktoren, verstanden. Die Baumgrenze hingegen beschreibt den der Waldgrenze vorgelagerten Grenzsaum, in welchem die Bedingungen selbst für einzelne Bäume so extrem sind, dass eine längerfristige Existenz nicht möglich ist. Sie wird in erster Linie von der Wärmeabnahme mit der Höhe und den zunehmenden Windwirkungen bestimmt (LESER [13] 2005: 78). Eine letzte wichtige Linie stellt die Gleichgewichtslinie (engl.: ELA; Abkürzung für equilibrium line altitude) dar. Sie repräsentiert im Massenhaushalt der Gletscher diejenige Grenze, welche die Bereiche mit positiver und negativer Massenbilanz voneinander trennt. Unterhalb der Gleichgewichtslinie ist das Abschmelzen größer als der Zuwachs. Meist entspricht sie der Firnlinie (LESER [13] 2005: 306).

2. Untersuchungsgebiete
2.1 Lage und Größe

Das Altaigebirge gehört mit dem östlich angrenzenden Sayan zum Altai-Sayan-Gebirgszug, welches das nördlichste Hochgebirge Asiens bildet (PFADENHAUER 2009: 213). Das Gebirgssystem Altai befindet sich etwa zwischen 45° bis 52° N und 82° bis 90° E und erstreckt sich von Nordwesten nach Südosten als 50 bis 350 km breites Band über eine Länge von rund 540 bis 1700km. Das Gebirge liegt größtenteils in Russland (45%) und der Mongolei (45%), streift aber auch Kasachstan (5%) und China (5%) (REVYAKINA & REVYAKIN 2004: 144).

Der auch als Russischer Altai (bis 4506m) bezeichnete nördliche Teil findet im Süden im Mongolischen Altai (bis 4362m) und im Gobi-Altai (bis 3957m) seine Fortsetzung. An seinem Nordostrand geht der Altai in die südsibirische Gebirgstaiga über, im Norden und Westen wird er von Steppen umgeben und im Süden umrahmen ihn die Halbwüsten der nordwestliche Mongolei (SUCCOW 1989: 204).

Der Russische Altai ist unter der Bezeichnung „ Golden Mountains of Altai" seit 1998 Weltnaturerbegebiet der UNESCO (PFADENHAUER 2009: 213). Das zweite zu untersuchende Gebirge, der Tian Shan, erstreckt sich östlich von Taschkent (Usbekistan) und nördlich des Ferganabeckens bis weit nach China hinein. Im Süden wird er von der Wüste Takla-Makan im Tarimbecken begrenzt (SUCCOW 1989: 187). Der Tian Shan befindet sich bei etwa 42°N und 80°E und liegt in China, Kasachstan, Kirgistan, Usbekistan und Tadschikistan. Meist unterscheidet man zwischen dem Nördlichen, dem Zentralen, dem Östlichen sowie dem Westlichen Tian Shan. Der Nördliche Tian Shan leitet im Osten mit dem Dsungarischen Alatau und dem Tarbagataigebirge zum Altai über. Im Zentralen Tian Shan finden wir die höchsten Gipfellagen: den Pik Pobeda (7439m, Kirgistan) und den Pik Chan-Tengri (6996m, China) (SUCCOW 1989: 187-190).

2.2 Geologie

Der Altai ist ein teils variskisches, teils kaledonisches Faltengebirge, das im Meso- und Känozoikum eingeebnet und erst am Ende des Tertiärs (Oberpliozän) durch Hebungen und Brüche seine heutige Gestalt erhalten hat (PFADENHAUER 2009: 213). Weiter geformt wurde es durch die Vereisung im Pleistozän und die Erosionskraft der Flüsse (WALTER 1974: 340).

Die ausgedehnten Hochplateaus in 2000 - 2500m werden dabei als die Altformen des Gebirges gedeutet, aus denen sich die jüngeren Hochgebirgsketten gehoben haben. Paläozoische Gesteine überwiegen, vor allem metamorphe Schiefer des Kambriums, Silurs und Devon. Die meist intensiv gefalteten Schiefer bauen die Hauptketten des Gebirges auf, vereinzelt sind aber auch präkambrische Intrusiva und Metamorphite, sowie paläozoische Kalke aufgeschlossen (PFADENHAUER 2009: 213). Da das Gebirge während der quartären Kaltzeiten vereist war, bestimmt der übliche glaziale Formenschatz das heutige Landschaftsbild (SUCCOW 1989: 204ff).

Der Tian Shan bildet ein kompliziertes System von Hochgebirgsketten, Mittelgebirgen und Hochplateaus (SUCCOW 1989: 187-190). Dieses Gebirge kann man als jungpaläozoisches Falten-Schollengebirge bezeichnen, bei dem die Hauptkämme kettenartig gehoben wurden und tiefe Becken eingebrochen sind. Insgesamt kann man drei Faltungssysteme unterscheiden: der nördliche Teil zählt zu den Kaledoniden, der südliche zu den Herzyniden und der mittlere zu den Parageosynklinalen. Der jungpaläozoisch verfestigte Block wurde aber im Mittel- und Jungtertiär durch alpidische Gebirgsbildungen erneut gehoben und teilweise gebrochen. An den höchsten Landschaftseinheiten wurde das tertiäre Relief sogar ganz abgetragen. Sie werden von glazigenen Formen und rezenten Vergletscherungen beherrscht. Charakteristisch für den Tian Shan sind breite Täler und Hochebenen, welche „Syrte" genannt werden (BÖHNER & SCHRÖDER 1999: 19f).

2.3 Klima

Die zu untersuchenden Hochgebirge weisen durch ihre Lage im Inneren des asiatischen Kontinents ein streng kontinentales Klima, im Zentralen Tian Shan sogar ein extrem kontinentales Klima auf. Es zeichnet sich durch eine vergleichsweise große Temperaturamplitude und sehr tiefe Wintertemperaturen aus, die unter -20 Grad reichen können (LEHMKUHL 1997: 300). Vorgelagerte Gebirgssysteme schirmen sie weitgehend vom Monsuneinfluss aus Ost- und Südostasien ab, auch von Tiefausläufern des fernen Atlantiks werden sie kaum noch erreicht (SUCCOW 1989: 192). Niederschläge kommen überwiegend als konvektive Starkregen vor und erreichen in den Gebirgen Werte von über 500mm im Jahr (LEHMKUHL 1997: 300).

Den Altai erreichen von Westen her noch die feuchten Luftmassen vom Atlantischen Ozeans, daher hat der westliche und nördliche Teil ein eher ozeanisches Klima, die südöstlichen und inneren Teile ein stark kontinentales. Dazu muss erwähnt werden, dass die meteorologischen Stationen alle in den Becken oder in den Flusstälern liegen und somit nicht viel über das Hochgebirgsklima aussagen können.

Das Klima wird charakterisiert durch eine lange Winterszeit, die etwa 5-9 Monate dauert und ein kurzer, je nach Lage, auch heißer Sommer mit einer Vegetationszeit von 130-190 Tagen. Es herrschen starke Jahres- sowie Tagestemperaturschwankungen mit einer Inversion im Winter. Zwischen Winter und Sommer liegt ein scharfer Übergang. Die eben angesprochene Temperaturinversion hat zur Folge, dass die Becken im Winter bis zu 20°C kälter sind als die angrenzenden Hänge. Dies hat auch Auswirkungen auf die Bodentypen und auf die Pflanzendecke, oft sind nur die Hänge bewaldet, der Talboden dafür mit Gebirgswiesen (WALTER 1974: 341ff).

Im Inneren des Gebirges nehmen die Niederschläge deutlich ab. Das trifft insbesondere für die Hochgebirgsbecken zu, die trotz ihrer Höhenlage oft nur 300mm erhalten. Die winterliche Schneedecke ist dementsprechend gering, während sie im Westen Schneehöhen von 2-3m erreicht (SUCCOW 1989: 205).

Beim Tian Shan-Gebirge sind die Temperaturverhältnisse an den Gebirgsfüßen ähnlich den umliegenden (Halb-) Wüsten und die jährliche Temperaturamplitude beträgt im Schnitt 30 – 35°C. Vor allem im Nördlichen Tian Shan kann es passieren, dass durch die Temperaturumkehrungen in der montane Stufe (1300-1600m) weniger harte Winter auftreten als in der Region des Gebirgsvorlandes. Erst darüber tritt wieder der normale höhenbedingte Temperaturabfall ein. Auch die großen intermontanen Becken zeichnen sich durch ausgesprochen milde Winter aus (SUCCOW 1989: 192).

Der Tian Shan liegt im Grenzbereich zwischen den semiariden bis semihumiden subtropischen Winterregenklimaten und den hochariden subtropischen Kontinentalklimaten Innerasiens. Sehr trockene innere Beckenlandschaften stehen dabei feuchten nordwestlichen Außenketten gegenüber (BÖHNER & SCHRÖDER 1999: 17).

2.4 Tierreich

Die Lage des Altais an der Nahtstelle zwischen verschiedenen Florenregionen, verbunden mit beträchtlichen Höhenunterschieden zwischen rund 200m im westsibirischen Vorland und über 4500m im Inneren, ermöglicht eine reiche Ausstattung an Tier- und Pflanzenarten, die allerdings deutlich hinter der der Alpen liegt (PFADENHAUER 2009: 214).

Die Wälder der montanen und subalpinen Stufe beherbergen eine typische Taigafauna: Wolf (*canis lupus*), Braunbär (*ursus arctos*), Luchs (*lnyx lynx*), Zobel (*Martes zibelliana*), Sibirischer Edelhirsch (*cervus elaphus sibiricus*), Elch (*alces alces*), Rentier (rangifer tarandus) um nur einige zu nennen. Außerdem lebt hier das Moschustier (*moschus moschiferus*), ein ostasiatisches Faunenelement.

Zu den bekannten Vogelarten zählen unter anderen das Felsauerhuhn (*tetrao parvirostris*), das Haselhuhn (*tetrastes bonasia*) und der Blauschwanz (*tarsiger cyanurus*). Die Zahl der Amphibien und Reptilien ist, ebenso wie die Insektenwelt, sehr niedrig (SUCCOW 1989:208).

Im Tian Shan-Gebirge ist in den obstreichen Laubwäldern der montanen Stufe das Stachelschwein (*Hystrix leucura*) und das Wildschwein (*Sus scrofa*) noch vielerorts zu finden. Der Braunbär, der bevorzugt in den Fichtenwäldern lebt, kommt zur Fruchtzeit ebenfalls in die Wälder der tieferen Lagen.

Die Nadelwälder, vor allem im Nördlichen Tian Shan, werden vom Sibirischen Hirsch (*cervus elaphus sibiricus*), auch Maral genannt, sowie vom Sibirischen Reh (*capreolus capreolus pygargus)* bewohnt. Zu den Raubtieren dieser Wälder sind der Luchs (*lynx lynx*) und der Wolf (*canis lupus*) zu zählen. Der Wolf ist aber auch in allen anderen Stufen, sogar in der alpinen, anzutreffen. In der subalpinen Stufe kann man unter andrem das Steppenschaf (*ovis orientalis*) und das Bergschaf (*ovis ammon*), auch Argali genannt, finden. Ebenfalls sind der Tolai-Hase (*lepus tolai*) und der rote Pfeifhase (*ochotona rutila,* vgl. Abb. 1) bis in die Schotterfelder der Gebirge anzutreffen. Die Murmeltiere besiedeln die Gebirgswiesen und –steppen zwischen 2000 und 4500m. Den sibirischen Steinbock (*capra sibirica*) und den vom Aussterben bedrohten Irbis (*unica unica*) findet man ausschließlich in der alpinen Stufe. Die

Vogelwelt weist eine große Artenfülle auf und kann im Rahmen dieser Hausarbeit nicht näher aufgeführt werden (SUCCOW 1989: 201ff).

3. Rezente ökologische Höhenstufen

3.1 Übersicht

Die Pflanzendecke der Gebirge Mittelasiens ist sehr artenreich. Nach heutigem Forschungsstand findet man im Altai etwa 2800 Arten (Gefäßpflanzen), die sich auf 113 Familien verteilen. Davon sind rund ein Zehntel endemisch. Die meisten von ihnen kommen in der montanen Stufe vor, bis zur Waldgrenze zwischen 1000 und 2500m vor. Rund ein Drittel siedeln über 2500m. Die etwa gleichgroßen Alpen haben ungefähr 4500 Gefäßpflanzen (PFADENHAUER 2009: 222f). Da sich beide Gebirge im Allgemeinen durch Wassermangel auszeichnen, spielt Exposition eine starke Rolle. Wälder wachsen ausschließlich auf den nordexponierten Hängen (vgl. Abb. 2). Die Südhänge werden meist von Gebirgssteppenvegetation eingenommen. Geringere solare Einstrahlungssummen auf den Nordhängen führt zu einer Verringerung der Evapotranspiration. Niedrige Boden- und Lufttemperaturen begünstigen gleichwohl diskontinuierlichen Permafrost. So wird an diesen Standorten die Wasserversorgung gefördert und besonders die anspruchsloseren Lärchen (larix sibirica) gedeihen hier trotz geringer Niederschläge (LEHMKUHL, KLINGE & BÖHNER 2003: 296).

Ein weiteres Merkmal arider Bedingungen ist die Auflichtung der Vegetationsdecke. Hanglagen sind oft ganz vegetationsfrei. Eine weitere Anpassung an diese Standortbedingungen stellt die Verlagerung von Pflanzenteilen unter die Erdoberfläche dar, dies kann bei manchen Arten über 95% der Organe ausmachen. Andere Arten versuchen durch den sogenannten Polsterwuchs Regenwasser mit besonderen Adventivwurzeln zu speichern. Die Höhenstufengliederung der Vegetation ist trotz allem deutlich ausgeprägt, die Abgrenzungen werden aber erschwert durch Vermischungen und wechselseitiges Eindringen von Vertretern der verschiedenen Stufen (SUCCOW 1989: 193f). Die obere Waldgrenze wird durch niedrige Sommertemperaturen (schätzungsweise 10°C Julitemperatur) geprägt, während die untere Waldgrenze hygrisch durch geringe Niederschlagssummen hervorgerufen wird. Die Anzahl verschiedener

Baumarten steigt, wie die vertikale Mächtigkeit des Waldgürtels, mit der Zunahme der Niederschläge.

Im westlichen Altai steigt die obere Waldgrenze von 1000 auf 2000 m, wohingegen sie im zentralen und südlichen Altai relativ konstant bei 2400 bis 2600m liegt. Im Norden liegt die Grenze bei 1700-1800m, im Osten bei etwa 2500m (LEHMKUHL, KLINGE & BÖHNER 2003: 296). Sie bildet keine scharfe Linie, wobei sich Lärchen und Zirbelkiefern abwechseln, im weniger kontinentalen Westen auch Tannen. Die Lage wird durch Wind und Kaltluftseen in den Tälern beeinflusst (WALTER 1974: 343).

Im Folgenden werde ich die verschiedenen Höhenstufen beider Gebirge beschreiben, vom Gebirgsfuß bis zu den höchsten Lagen, und mich dabei immer auf die nachstehenden Abbildungen beziehen (vgl. Abb. 3 und Abb. 4).

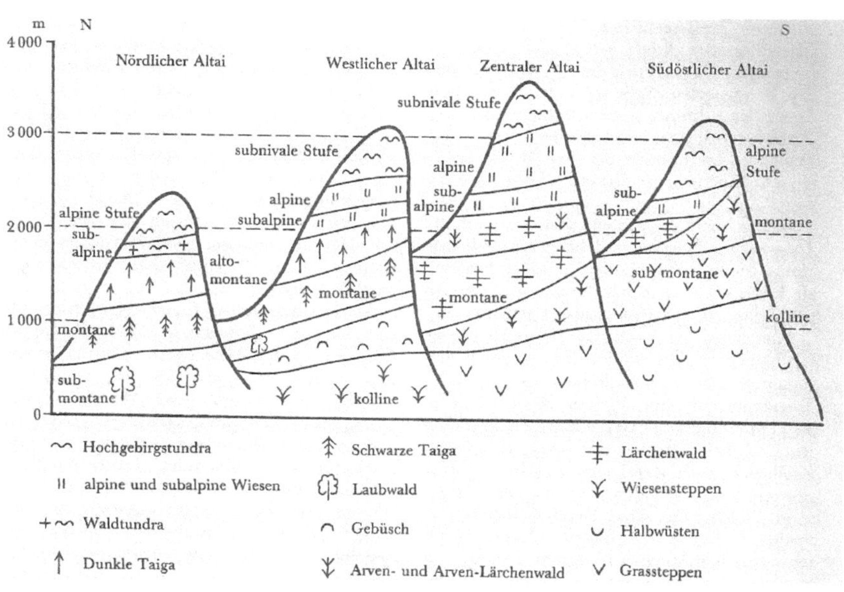

Abb.1: Höhenstufen der Vegetation im Altai (SUCCOW 1989: 207)

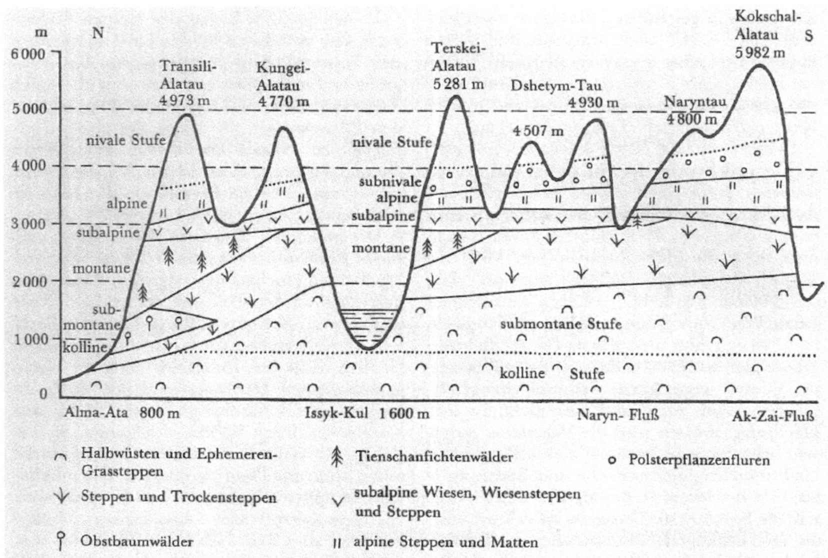

Abb.2: Höhenstufen der Vegetation im Tian Shan (SUCCOW 1989: 200)

3.2 Kolline Stufe

Im Nordosten des Altais gibt es hohe Niederschläge, hier fehlen die Steppen. Die unterste Stufe bei 300 bis 400m wird durch Birkenwälder im Komplex mit Trockenwiesen gebildet. Im Südosten liegt der Gebirgsfuß weit höher, bei 1700-1900m, dennoch findet man hier nur eine trockene Steppenvegetation, teilweise sogar Halbwüsten bis über 1000m (WALTER 1974: 343). Im Westen findet man Wiesensteppen, im Zentralen Altai Grassteppen.

Die kolline Stufe zeichnet sich fast überall in im Tian Shan-Gebirge durch Halbwüsten und Ephemeren-Grassteppen aus, die bis etwa 900m reichen (SUCCOW 1989: 199ff).

3.3 Montane Stufe

Im Gegensatz zu anderen mittelasiatischen Gebirgen sind im Altai Wälder weit verbreitet. Da das Gebirge in einer überwiegend waldfreien Landschaftszone liegt, tritt die Waldvegetation erst ab einer bestimmten Höhenstufe ein. So hat dieses

Gebirge eine untere und obere Waldgrenze. Die untere, hygrische Waldgrenze steigt von Nord nach Süd rasch an, von 350m im Westen auf bis zu 1400-1800 im Südosten. Die obere, temperaturbedingte Waldgrenze ändert sich nicht ganz so stark. Die Wälder des Altais bestehen aus 5 Nadelholzarten: Sibirische Lärche (*larix sibirica*), Sibirische Zirbelkiefer oder Arve (*pinus cembra ssp. Sibirica*), Sibirische Fichte (*picea obovata),* Sibirische Tanne (*Abies sibirica*) und der Gemeinen Kiefer (*pinus sylvestris*). Es treten nur kleinblättrige Laubgehölze auf, beispielsweise Hängebirken (*betula pendula)* und Espen (*populus tremula*). Die Wichtigste Baumart ist die Lärche, die vor allem die kontinentaleren Bereiche besiedelt und dort die obere Waldgrenze ausmacht. Kiefernwälder gibt es nur am Gebirgsrand auf trockenen, sandigen Böden. Im rauen, feuchten Nord- und Nordostaltai herrscht die dunkle Nadelwaldtaiga mit der Sibirischen Zirbelkiefer, der Fichte und Tanne. Diese Wälder bilden in den niederschlagsreicheren Teilen des Gebirges die obere Waldgrenze, also die subalpine Stufe. Es sind meist moosreiche Wälder mit Beerensträuchern und anderen immergrünen Pflanzen. Die Sibirische Fichte aber bildet nur selten geschlossene Wälder, am ehesten noch an den Ufern der hochgelegenen Flußauen, sie ist hier also eine Pionierart (SUCCOW 1989: 206ff).

Die sogenannte Schwarze oder Finstere Taiga beschränkt sich auf die montane Stufe im Altai bei hoher Feuchtigkeit. Hier herrscht die Sibirische Tanne vor. Diese Wälder weisen einen höheren Laubgehölzanteil auf, vor allem an Sträuchern, wie der Sibirische Eberesche (*sorbus sibirica*), der Sibirische Traubenkirsche (*padus racemosa*) und dem Gemeinen Schneeball (*viburnum tremula*) (SUCCOW 1989: 206ff).

Ab etwa 800m beginnen an den Nordhängen die für den Norden des Tian Shan so berühmten Wildobstwälder (submontane Stufe), die bis in Höhen von 1300-1400m vorkommen (vgl. Abb. 5). Die wichtigste Wildobstart sind Äpfel (*malus siversii*). Die Wildobstwälder werden in einem breiten Übergangsbereich allmählich von Tian Shan-Fichtenwäldern abgelöst. Dieser Übergangsbereich ist durch Espen gekennzeichnet. Ab 1350m kommt die Tian Shan-Fichte an den Nordhängen zur vollen Entfaltung (montane Stufe). Anfangs findet man noch reichen Unterwuchs an halbhohen Laubbäumen und Sträuchern. Ab 1800 m bildet sich aus diesen schlanken Bäumen eine regelrechte Parklandschaft. Die Südhänge tragen waldfreie Steppenvegetation. Wir sehen eine Gebirgswaldsteppen-Zone (SUCCOW 1989: 199ff). Auf feuchten Böden bilden sich in dieser Stufe Bergwiesen, auf welchen

Anfang Juni unter anderem die goldgelben Altaitrollblumen (*trollius altaicus*) blühen. Auf steinigeren Standorten findet man Rasenvegetation, wo blühendes Berufkraut (*erigeron aurantiacus*), Dickblattgewächse (*rhodiola coccinea*), Primelgewächse (*cortusa brother*) und einige andere wachsen. Mit zunehmender Höhe werden die Laubgehölze durch Wacholder ersetzt und ab etwa 2200 - 2400m sieht man Baumwacholderfluren, da die Fichten immer spärlicher auftreten und auch kleiner werden. Dieses sogenannte windgeschorene Tian Shan-Fichtenkrummholz gibt es bis 2500m, in machen Gebirgsteilen sogar bis 3000m. In der montanen Stufe findet man gelegentlich auch die Tannenart *Abies semenovii*, deren moosreicher Unterwuchs an die nördliche Taiga erinnert (SUCCOW 1989: 199ff). Im trockenen Süden allerdings reichen die Halbwüsten viel höher - bis knapp 2000m ü. NN.

3.4 Subalpine Stufe

Eine Besonderheit des Südostens des Altais stellt das Fehlen der Waldstufe dar. Gebirgssteppen grenzen hier unmittelbar an die Hochgebirgstundra an. Dadurch kommt es in der Übergangszone zur Ausbildung von Vegetationskomplexen aus Tundragesellschaften (*kobresia*) und niedrigen Grassteppenteilen (WALTER 1974: 347).

In den anderen Regionen dieses Gebirges finden wir inmitten der Waldlandschaft blumenreiche Bergwiesen und üppige Staudenfluren mit Gebüschkomplexen, besonders typisch für die subalpine Höhenstufe. Charakteristisch sind beispielsweise die Ruthenische Schwertlilie (*Iris ruthenica*) oder die Blaue Himmelsleiter (*Polemonium caeruleum*). An den Waldrändern findet man auch auffällige Orchideen (SUCCOW 1989: 206ff).

Oberhalb der geschlossenen Wälder entfaltet sich im Norden des Altais eine Waldtundra mit niedrigen Beständen der Zwergbirke (*betula nana*), sowie Büsche der Heckenkirsche (*lonicera hispida*). In den westlichen, zentralen und südlichen Teilen finden wir dagegen oberhalb der Baumgrenze zunächst eine alpine Wiesen- und Rasenvegetation, durchsetzt von ausgedehnten Mooren auf den Verebnungsflächen. (SUCCOW 1989: 206ff). Die eigentlichen dunkeln Nadelwälder (Taiga) werden meist durch verschiedene Mengenverhältnisse der folgenden Arten gebildet: Fichte (*Picea obovata*), Tanne (*Abies Sibirica*) und Arve (*Pinus Sibirica*). Diese dunklen Nadelwälder bevorzugen die Nordhänge mit podsolierten Böden, die dauernd feucht sind, daher fehlen sie dem kontinentaleren Zentralaltai (WALTER 1974: 345f). Hier herrschen auf wenigen Schattenhängen Lärchenwälder vor (Helle Taiga). Diese Wälder zeigen wieder eine untere hygrische Wald- und eine obere thermische Baumgrenze. Auch die Ausbildung der Offenlandvegetation folgt dem Klimagradienten: Während im Nordwesten intramontan noch hochwüchsige und blütenreiche Wiesensteppen vorkommen, dominieren im Zentrum Lang- und Kurzgrassteppen (PFADENHAUER 2009: 222f).

Subalpine Wiesen, Wiesensteppen und Steppen gibt es in der subalpinen Stufe des Tian Shan fast überall.

Viele Pflanzen der montanen Stufe, kommen auch hier vor, allerdings blühen sie erst nach dem Schneeschmelzen Mitte Juni. Bis 3000m dominieren strauchförmige Birken (*Betula pamirica*). Auf den Nordhängen wachsen vereinzelte Tian Shan-Fichten. Zwischen 3000 und 3400m findet man nur noch niederliegende Wacholder der Art *Juniperus semiglobosa* (SUCCOW 1989: 199ff).

3.5 Alpine Stufe

Die Hochgebirgstundra beginnt meist über einem schmalen Streifen mit alpinen Wiesen. Im Westen spielt die Tundra keine Rolle, wohingegen sie im kontinentalen Osten allein vertreten ist. In Abhängigkeit vom Kontinentalitätsgrad und der Bodenfeuchtigkeit zeigt sie Unterschiede je nach Lage. Im Nordosten findet man beispielsweise bei guter Befeuchtung eine Moos-Flechten-Tundra (WALTER 1974: 347).Bei den relativ wenigen Blütenpflanzen handelt es sich vor allem um allgemein arktisch-alpin verbreitete Arten, zum Beispiel den Knöterich (*polygonum viviparum*) oder die Silberwurz (*dryas octopetala*). Weit verbreitet sind aber auch niederliegende Gebüsche aus Wacholdern oder dem Boden anliegenden Weidenarten. Weiter oben schließt sich dann vor der Zone des Ewigen Eises meist eine alpine Steintundra an, in der außer Flechten als letzte Pflanzen einige Gräser und der Alpenbärlapp (*lycopodium alpinum*) wachsen (vgl. SUCCOW 1989: 206ff).

Alpine Grasheiden durchsetzt von Schneeböden kennzeichnen die alpine Stufe vom Zentralen Altai. Steinige, exponierte Bereiche entsprechen dem Typ der alpinen Blockwüste oder Golez-Formation, der Wechsel ist stark reliefabhängig. Im Mongolischen und Gobi-Altai tragen die flachen Bergrücken eine dem extremen Klima angepasste kurzrasige Vegetation (REVYAKINA & REVYAKIN 2004: 147ff).

In 3000 bis 3200m Höhe des Tian Shan kümmern die letzten Wacholder und die blütenreiche subalpine Stufe wird von der alpinen Stufe abgelöst, die nur selten größere zusammenhängende Rasenvegetation ausbildet. Oberhalb von 3400 - 3800m ist nur noch fleckenhaft Vegetation zu finden. Der Zentrale Tian Shan besitzt allerdings in 3000m Höhe ein Hochlandrelief, wo Dauerfrostböden verbreitet sind. Dort wachsen in den Flußauen der Tallagen Sanddorngebüsche (*hippophae rhamnoides*).

Bis 3700m wächst die Weidenart *salix schugnanica* auf immer extremer werdenden Standorten. In dieser Höhenstufe finden alpine Steppen und Xerophytenfluren bei maximal 4200 - 4400m Höhe ihren Abschluss (SUCCOW 1989: 199ff).

4. Verschiebung der (geomorphologischen) Höhenstufen
4.1   Rezente Höhenstufen

In der glazialen Höhenstufe sind die meisten vorzeitlichen Karböden und Trogtäler heute eisfrei. Die gegenwärtige Vergletscherung konzentriert sich auf höchsten Ketten. Bisher sind im Altai über tausend Gletscher bekannt, die etwa 900km² bedecken. Die meisten davon sind Kar- und Hängegletscher. Ihre Gletscherzungen reichen zum Teil bis in 1950 - 2000m herab (LEHMKUHL 1999: 157ff).

Die nivale Höhenstufe zeichnet sich durch Nivationstrichtern und –rinnen aus, mehrere Golezterrassen sind zwischen 2500 und 2750 m zu finden (LEHMKUHL 1999: 161).

In der periglazialen Höhenstufe wird das gegenwärtige Relief von Hochplateaus, breiten, tektonisch entstandenen Talbecken, zerklüfteten Hochgebirgsrücken und eiszeitlich geformten Trogtälern geprägt. Rezente und fossile Kryplantionsterrassen („Golez") sind häufig (PFADENHAUER 2009: 213).

Gegenwärtige periglaziale Denudationsprozesse sind bis ungefähr 2600m hinab dominant und gekennzeichnet durch ungebundene Solifluktion, Schutt- und Blockströme sowie Steinnetzpolygone. Obwohl die tiefen Winter- und Jahresmitteltemperaturen periglaziale Prozesse und Permafrost bis in Beckenlagen erwarten lassen, gibt es flächenhafte Erscheinungen nur auf den Hochlagen der Gebirge oberhalb von 2600m (LEHMKUHL 1999: 168).

Jedoch kann man selbst in der Höhenstufe der Steppenschluchtenlandschaft bisweilen auf periglaziale Erscheinungen stoßen. Diskontinuierlicher Permafrost mit

Bültenböden, Palsen oder Thermokarstseen in den Talgründen sind möglich (LEHMKUHL 1997: 302).

Im Altai herrscht unterhalb von 2600m mit lichten, nordexponierten Lärchenwäldern weitgehend Formungsruhe. Geomorphologische Prozesse sind schwach und beschränken sich auf die Frostsprengung (LEHMKUHL 1999: 165).

Kegelförmige Einebnungs- und Aufschüttungesebenen am Fuße der Gebirge sind meist noch aktive Akkumulationsebenen als Resultat großer, periodisch aktiver Schwemmfächer. Unterhalb 1200 bis 1000m gibt es aufgrund der geringen Niederschläge nur lückenhafte Wüstensteppenvegetation auf kiesreichen Oberflächen. Hier gibt es stärkere fluviale Einschneidung als weiter oben (LEHMKUHL 1999: 165).

4.2   Vergleich zu den Kaltzeiten

Die räumlich-zeitliche Verlagerung der verschiedenen Höhenstufen kann wichtige Proxidaten zu den vorzeitlichen Bedingungen liefern. Bekanntestes Beispiel stellt die Absenkung der Gletscherschneegrenze oder die Verlagerung periglazialer Prozesse dar (LEHMKUHL 1999: 152).

Während eines subtropisch bis tropischen, wechselfeuchten Klimas im Tertiär entstanden Rumpfflächensysteme. Die Hebung des tibetischen Plateaus und zahlreicher Gebirgssysteme führte seitdem im Quartär zu einer stärkeren Aridisierung. So konnten sich mächtige Lössfolgen ablagern. Während der quartären Kaltzeiten kam es zu umfangreichen Vergletscherungen und periglazialen Prozessen in den Gebirgen, es wurden große Mengen an Schutt bereitgestellt. In den abflusslosen Becken zeugen Strandwälle für höhere Seespiegelstände. Vorzeitliche Seesedimente findet man hier fast überall – unter dem rezenten, ariden Klima werden sie umgeformt oder ausgeblasen (LEHMKUHL 1997: 302).

Die Schneegrenze verläuft heute in etwa 2300 - 3200m ü. NN, im Westen und Nordosten niedriger, nach Südosten hin aber steigt sie. Während der Eiszeit lag sie um 1000 - 1200m tiefer. Kare mit Seen und Moränen sind weit verbreitet. Der größte See Telezk hat eine Fläche von $231km^2$ (WALTER 1974: 340).

Die Altaigletscher zeigen eine deutliche Rückgangstendenz, in den letzten hundert Jahren hat sich ihr Flächenanteil um 8,5% verringert (SUCCOW 1989: 205).

Während des spätpleistozänen Maximums war der Nördliche Tian Shan zwar einer starken Vergletscherung unterworfen, allerdings ging diese nicht über eine ausgedehnte Talvergletscherung hinaus. Der Maximalvorstoß reichte nirgendwo tiefer als 1750m. Seit Mitte des 19. Jahrhunderts zeigen die Massenbilanzen der Gletscher im Nördlichen Tian Shan negative Werte, ein genereller Rückgang der Gletscher (BAUME & WOLODITSCHEWA 2007: 58ff).

Literaturverzeichnis

BAUME & WOLODITSCHEWA (2007): Das Erbe der Eiszeit: Gletscherdynamik im Kaukasus, Tienschan und Altai. In: Glaser, R. (Hrsg.): Asien. Darmstadt: 54-66.

BÖHNER, J. und SCHRÖDER, H. (1999): Zur aktuellen Klimamorphologie des Tienschan. Petermanns Geographische Mitteilungen 143 (1): 17-32.

KLINGE, M., J. BÖHNER und F. LEHMKUHL (2003): Climate pattern, snow- and timberlines in the Altai Mountains, Central Asia. Erdkunde 57 (4): 296-308.

LEHMKUHL, F. (1999): Rezente und jungpleistozäne Formungs- und Prozeßregionen im Turgen-Kharkhiraa, Mongolischer Altai. Erde 130 (2): 151-172.

LEHMKUHL, F. (1997): Der Naturraum Hoch- und Zentralasiens. Geographische Rundschau 49 (5): 300-306.

LESER, H. (^{13} 2005): Diercke. Wörterbuch Allgemeine Geographie. Nördlingen.

MIEHE, G., C. BURGA und F. KLÖTZLI (2004): Vegetationhöhenstufen der Gebirge im globalen Vergleich. In: C. BURGA, F. KLÖTZLI und G. GRABHERR (Hrsg.): Gebirge der Erde. Stuttgart: 25-30.

PFADENHAUER, J. (2009): Anmerkungen zur Vegetation des russischen Altai. In: POTT, R. (Hrsg.): Rintelner Symposium IX (= Berichte der Reinhold-Tüxen Gesellschaft 21). Münster: 211-225.

REVYAKINA, N & V. REVYAKIN (2004): Altai. In: C. BURGA, F. KLÖTZLI und G. GRABHERR (Hrsg.): Gebirge der Erde. Stuttgart: 144-150.

SUCCOW, M. (1989): Die mittelasiatischen Hochgebirge. In: KLOTZ, G. (Hrsg.): Hochgebirge der Erde und ihre Pflanzen- und Tierwelt. Leipzig, Jena und Berlin: 187 - 204.

WALTER, H. (1974): Die Vegetation Osteuropas, Nord- und Zentralasiens (= Vegetationsmonographien der einzelnen Großräume 7). Stuttgart.

Weiterführende Literatur

AGACHANJANC, O. (1985): Ein ökologischer Ansatz zur Höhenstufengliederung des Pamir - Alai. Petermanns Geographische Mitteilungen 129 (1): 17-23.

ESPER, J. (2000): Paläoklimatische Untersuchungen an Jahrringen im Karakorum und Thien Shan Gebirge (Zentralasien) (= Bonner geographische Abhandlungen 103). Sankt Augustin.

HILBIG, W. (2007): Die Vegetationszonen der Mongolei und ihre wichtigen Pflanzengesellschaften. Verhandlungen der Zoologisch-Botanischen Gesellschaft in Österreich 144: 119-164.

HILBIG, W. (1995): The Vegetation of Mongolia. Amsterdam.

HILBIG, W., K. HELMECKE und Z. SCHAMSRAN (1988): Mikroklima-Untersuchungen in Pflanzengemeinschaften verschiedener Höhenstufen in Hochgebirgen der Nordwest- und Südmongolei. In: SCHUH, J. u.a. (Hrsg.): Erforschung biologischer Ressourcen der Mongolischen Volksrepublik 7. Altenburg: 5-80.

LEHMKUHL, F. und KLINGE, M. (2000): Bodentemperaturmessungen aus dem Mongolischen Altai als Indikatoren für periglaziale Geomorphodynamik in hochkontinentalen Gebirgsräumen. Zeitschrift für Geomorphologie 44 (1): 75-102.

ROST, K.T. (1998): Geomorphologische und paläoklimatische Untersuchungen in zentralchinesischen Gebirgen und Gebirgsvorländern (= Göttinger geographische Abhandlungen 105). Göttingen.

SOMMER, M. (2000): Die Lärchenwälder der Gebirgs-Waldsteppe im Nordwesten der Mongolei. Ökologische Bestandsaufnahme und Synthese. Erlangen und Nürnberg.

TRETER, U., J. BLOCK und R. KASTNER (2002): Ergebnisse dendrochronologischer und dendroökologischer Analysen der Lärchenwälder in der Gebirgswaldsteppe der nordwestlichen Mongolei (= Stuttgarter Geographische Studien 133). Stuttgart: 83-98.

TRETER, U. (1996): Gebirgs-Waldsteppe in der Mongolei. Geographische Rundschau 48 (11): 655-661.